Sitzungsberichte

der

Heidelberger Akademie der Wissenschaften

Stiftung Heinrich Lanz

Mathematisch-naturwissenschaftliche Klasse

*) *Jahrgang 1921 erschien im Verlage von Carl Winters Universitätsbuchhandlung in Heidelberg.*

Im Verlag von Walter de Gruyter & Co. vormals G. J. Göschen'sche Verlagshandlung — J. Guttentag, Verlagsbuchhandlung — Georg Reimer — Karl J. Trübner — Veit & Comp., Berlin erschienen:

Abteilung A. Mathematisch-physikalische Wissenschaften.

Jahrgang 1922: 3 Hefte.

Jahrgang 1923: 5 Hefte.

Jahrgang 1924: 11 Hefte.

Abteilung B. Biologische Wissenschaften.

Jahrgang 1923: 1 Heft.

Von Jahrgang 1925 ab findet die Trennung in Abteilung A und B nicht mehr statt.

Jahrgang 1925.

1. Heffter, Lothar. Zur absoluten Geometrie II. Reichsmark 0·50
2. Roeser, Ernst. Die komplementären Figuren der nichteuklidischen Ebene. Reichsmark 0·50
3. Fladt, Kuno. Neuer Beweis f. d. Zuordnung von rechtwinkligem Dreieck und Spitzeck in der hyperbolischen Elementargeometrie. Reichsmark 0·30
4. Salomon, Wilhelm. Beobachtungen über Harnische. Reichsmark 0·70
5. Loewy, A. Beiträge zur Algebra. 1–4. Reichsmark 1·—
6. Hellpach, Willy. 2. Mitteilung zur Physiognomik der deutschen Volksstämme. Reichsmark 0·30
7. Loewy, Alfred. Neue elementare Begründung u. Erweiterung der Galois'schen Theorie. Reichsmark 2·—
8. Curtius, Theodor u. Bertho, Alfred. Einwirkung von Stickstoffkohlenoxyd und von Stickstoffwasserstoffsäure unter Druck auf aromatische Kohlenwasserstoffe. Reichsmark 0·40
9. Roeser, Ernst. Die gnomonische Projektion in der hyperbolischen Geometrie. Reichsmark 0·70
10. Rasch, G. Über die Ausnützung der Gezeiten des Meeres zur Energiegewinnung. Reichsmark 0·80
11. Salomon, Wilhelm. Magmatische Hebungen. Reichsmark 1·20
12. Pütter, A. Altersbestimmungen an Drachenbäumen von Tenerife. Reichsmark 0·90
13. Volk, Otto. Über geodätische rhombische Kurvennetze auf krummen Flächen, insbesondere auf Flächen konstanter Krümmung. Reichsmark 1·10
14. Roeser, Ernst. Die Fundamentalkonstruktion der hyperbolischen Geometrie. Reichsmark 1·40

(Fortsetzung siehe 3. Umschlagseite)

*) **Bestellungen auf solche Veröffentlichungen der math.-naturw. Klasse, welche früher im Verlag von Carl Winters Universitätsbuchhandlung in Heidelberg erschienen sind, nimmt auch der Verlag Walter de Gruyter & Co., Berlin, entgegen.**

Sitzungsberichte
der Heidelberger Akademie der Wissenschaften
Mathematisch-naturwissenschaftliche Klasse
Jahrgang 1929. 10. Abhandlung.

Neue Sätze über sphärische und hyperbolische Fünfecke

Von

Ernst Roeser
in Bottrop

(Mit 11 Figuren)

Eingelaufen am 30. April 1929

Vorgelegt vor Herrn Liebmann in Heidelberg

Berlin und Leipzig 1929

Walter de Gruyter & Co.

vormals G. J. Göschen'sche Verlagshandlung / J. Guttentag, Verlagsbuchhandlung / Georg Reimer / Karl J. Trübner / Veit & Comp.

Neue Sätze
über sphärische und hyperbolische Fünfecke.

Einleitung.

Die folgenden Betrachtungen sollen zeigen, welche Bedeutung der Komplex der komplementären Figuren für die ganze Ebene hat. Das sphärische Fünfeck hat außerdem gewisse Eigenschaften, die beim hyperbolischen noch nicht nachgewiesen sind. So spielen bei jenem auch die Winkel eine Rolle, in der hyperbolischen Ebene handelt es sich nur um Rechte, ferner läßt sich die sphärische Figur mit allen Vierecken und Dreiecken in einem Linienzug beschreiben, woraus sich schon die Zusammengehörigkeit der Figuren ergibt. Wir werden sehen, daß etwas Ähnliches auch in der hyperbolischen Ebene vorhanden ist.

§ 1. Sphärische Figuren.

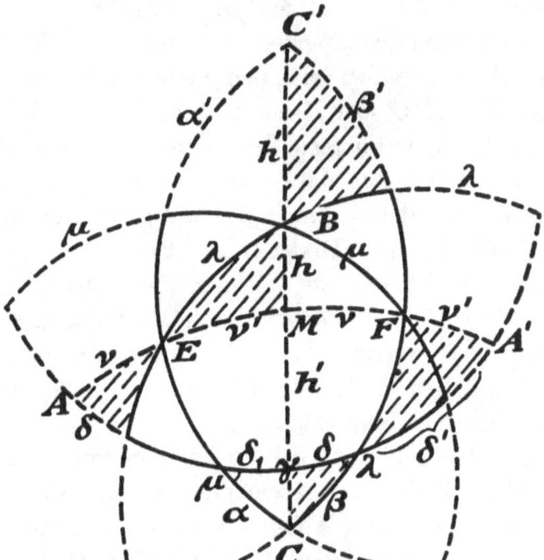

Fig. 1.

Im Kugelfünfeck, wo alle Ecken Pole zu den Gegenseiten sind, ist C' der Gegenpunkt von C, und ebenso ist es an den andern Ecken

Setzen wir die Figur über C' oder eine der andern Spitzen fort, indem wir die Strecken immer wieder zu $\frac{\pi}{2}$ ergänzen, so wiederholt sich die ganze Figur, und wir kehren zum Ausgangspunkt zurück. Es handelt sich dabei um das System der fünf Vollkreise $\alpha\ \gamma\ \beta\ \mu\ \lambda$, wobei jeder Kreis durch ein auf ihm liegendes Stück bezeichnet ist. Die Kugeloberfläche wird auf diese Weise zerlegt in die beiden Fünfecke mit ihren Dreiecken und Stumpfecken, je zwei dieser Figuren sind symmetrisch.

Fügt man diesem System noch zwei weitere Vollkreise hinzu, nämlich die Diagonale EF und die auf ihr senkrecht stehende Höhe CC' (ν und h), so erhält man eine andersartige Einteilung der Kugel. Es bilden sich nämlich noch zwei dem ersten völlig gleichwertige Fünfecke, jedes steht in Verbindung mit einem rechtwinkligen Dreieck und diese sechs Figuren bedecken gerade die Halbkugel, mit der symmetrischen also die ganze Kugel.

Bevor diese Verhältnisse näher erläutert werden, sei die Richtigkeit der Figur erwiesen. Verbindet man nämlich C' mit B, so muß diese Linie auch durch C gehen und auf ν (EF) und auf γ senkrecht stehen, also Höhe des Anfangsdreiecks sein, weil B und C' Pole dieser Linien sind.

Verlängert man EF bis A und A', ihren Schnittpunkten mit γ, so entstehen die beiden schraffierten rechtwinkligen Dreiecke mit den Ecken A und A', sie bilden mit den andern schraffierten Dreiecken mit den Ecken C und C' und Dreieck EMB einen Zyklus, der sich zum Fünfeck schließt, wenn man die Figur nach links oben fortsetzt. Dadurch erhält man nämlich die Dreiecke rechts unten wieder in symmetrischer Form. Der Beweis dieser Behauptungen folgt am einfachsten, wenn man auf die einzelnen Dreiecke die Formeln anwendet.

Genau so entsteht auf der rechten Seite der Figur noch ein Fünfeck. Die drei Fünfecke hängen durch die Seiten λ, μ, h' zusammen und sind völlig gleichwertig. Wie die Seiten des einen im andern Höhen oder Diagonalen sind, erkennt man am besten an einer Figur, die die ganze Kugel zu überschauen gestattet.

Der Punkt B der Figur 1 sei als Pol genommen, dann ist γ der dazugehörige Hauptkreis, die Bezeichnungen entsprechen auch sonst ganz der Fig. 1. Die rechte Abbildung stellt die untere innere Halbkugel dar, deren Dreiecke schon in der linken Halbkugel zu sehen sind (punktiert). Es sind im ganzen sechs Dreiecke, die paarweis zusammengehören (symmetrisch), sie bilden am Äquator einen geschlossenen Ring und liegen in jedem Fünfeck der Ecke B bzw. B' gegenüber.

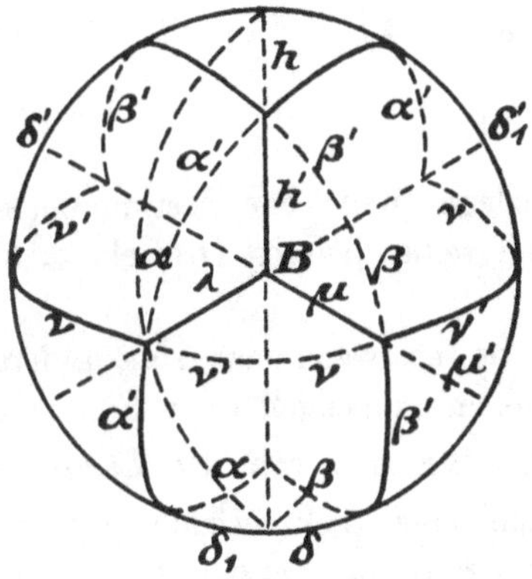

Fig. 2a.

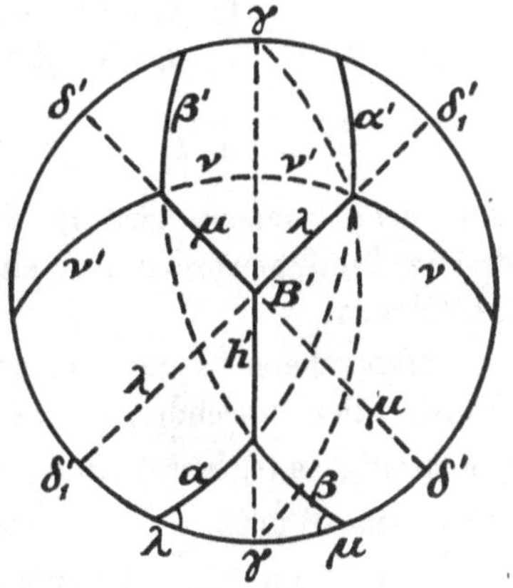

Fig. 2b.

$\delta_1 = \gamma - \delta$

Da jede Ecke des ersten Fünfecks so wie die Ecke B behandelt werden kann, würde man im ganzen mit dem ersten elf Fünfecke erhalten. Benutzt man in den zehn abgeleiteten Fünfecken jedoch andre Dreiecke als die, welche den Ring am Äquator bilden, und führt die entsprechende Konstruktion aus, so treten immer neue Fünfecke auf. Man sieht dies deutlich, wenn man in Fig. 2a das Teildreieck oben links nimmt. Das Lot auf die Hypotenuse β ist Höhe im linken Fünfeck, im vorderen Fünfeck ist es dagegen weder Höhe noch Diagonale, gehört also nicht zu dem System dieser durch das Anfangsfünfeck bestimmten Linien.

Wiederholen wir nun diese Konstruktion fortgesetzt, d. h. zeichnen wir in den neu entstandenen Dreiecken immer wieder die Höhen, so bilden diese eine zwischen den Seiten des Dreiecks hin und her gehende Linie, die sich immer mehr dem Scheitel λ nähert und unendlich viele Fünfecke bestimmt. Sind wir im Scheitel angelangt, so ist das Dreieck und das symmetrische dazu verschwunden. Wie hat sich das Fünfeck verändert?

Schon GAUSS betrachtete solche Gruppen von Fünfecken. Er projizierte die Anfangsfigur auf eine Tangentialebene und erzeugte in dem entstandenen ebenen Fünfeck immer neue durch Verlängern der Seiten und Ziehen von Diagonalen.[1])

Bezeichnet man bei unserer Konstruktion die Projektionen der Reihe nach mit $\beta_1 \ldots \beta_\mu$, so ist:

---

[1]) GAUSS' Werke, Bd. VIII.

$$\begin{aligned} \operatorname{tg} \beta_1 &= \operatorname{tg} \gamma \cdot \cos \lambda \\ \operatorname{tg} \beta_2 &= \operatorname{tg} \beta_1 \cdot \cos \lambda = \operatorname{tg} \gamma \cos^2 \lambda \\ \cdot\ \cdot \quad & \quad \cdot\ \cdot \\ \operatorname{tg} \beta_\mu &= \operatorname{tg} \gamma \cdot \cos^\mu \lambda. \end{aligned}$$

Aus dem Fünfeck wird in der Grenzlage (wenn das Bestimmungsdreieck Null geworden ist) ein zu sich selbst polares Dreieck, d. h. ein Oktant.

Man übersieht die Sonderfälle am besten, wenn man eine andere Konstruktion anwendet, bei der die drei zusammengehörigen Fünfecke gleichzeitig entstehen. Man setze sechs Strecken von der Länge $\frac{\pi}{2}$ unter dem Winkel $\frac{\pi}{2}$ so aneinander, daß eine Zickzacklinie entsteht, die in 6 Zügen zum Ausgangspunkt zurückführt. Quer durch den Linienzug, d. h. alle Viertelbogen schneidend, werde ein größter Kreis, der Äquator gelegt. Nachdem seine Pole bestimmt sind, verbinde man sie mit den Ecken, die auf derselben Seite des Äquators liegen. (In Figur 2a die Linien λ μ h', die sich in B treffen.) So entstehen alle 6 Figuren jeder Halbkugel.

Die Lage des Aquators in bezug auf die Zickzacklinie bestimmt die Art der Zerlegung der Oberfläche. Schneidet er senkrecht, so geht er auch durch zwei Eckpunkte, es verschwindet auf jeder Halbkugel eins der Dreiecke, die andern werden zweirechtwinklig. Die dazugehörigen Fünfecke werden zu Oktanten (Fig. 3).

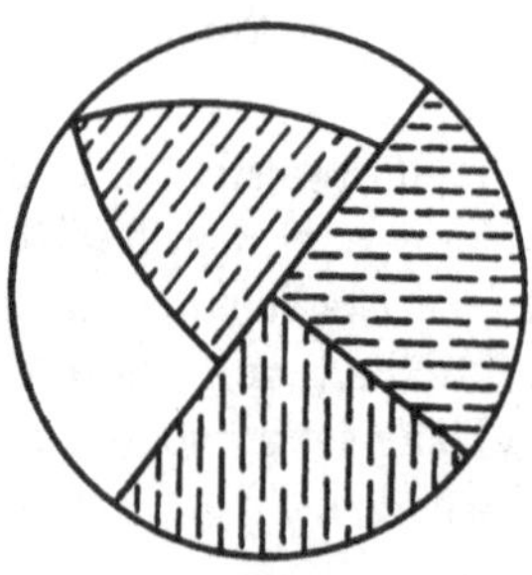

Fig. 3.

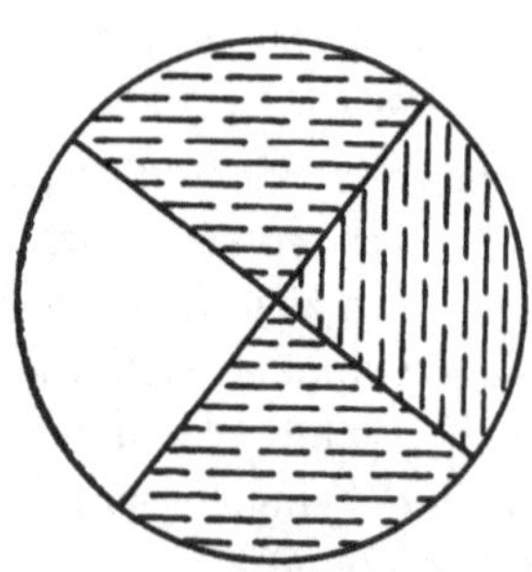

Fig. 4.

Dieser Einteilung strebte die oben beschriebene Folge von Fünfecken zu. Man sieht auch leicht, wie der Oktant links in Fig. 3 aus dem Fünfeck von Fig. 2a hervorgeht. Der Winkel zwischen λ und h' wird zu π, dann wird die Gegenseite, die ja auf jeden Fall das Supplement ist, zu Null. Die Seiten ν und β stoßen zusammen.

Dreht sieh der schneidende Hauptkreis weiter, so daß er noch durch zwei Eckpunkte der Zickzacklinie geht, d. h. zum Teil mit ihr zusammenfällt, so verschwindet auf jeder Halbkugel noch ein Dreieck, das übrigbleibende wird selbst ein Oktant, es ergibt sich die Einteilung der Kugel in acht gleiche Teile (Fig. 4).

§ 2. Von einem andern sphärischen Fünfeck.

Die Nepersche Regel benutzt bekanntlich eine andere Anordnung der Stücke, als sie das polare Fünfeck zeigt. Man fügt zu beiden Seiten der Hypotenuse die Winkel an. Es läßt sich zeigen, daß auch diese Anordnung auf natürliche Weise zustande kommt, wenn man die hyperbolische Geometrie zu Hilfe nimmt.

Statt der Dreiecke wollen wir den Zyklus der Spitzecke verwenden. Um sie bequem zu übersehen, werde eine der Abbildung 1 entsprechende Figur gezeichnet. Mit Rücksicht auf das sphärische Dreieck sind hier die Winkel vertauscht, so daß der Seite a der Winkel μ gegenüberliegt. Die Buchstaben des hyperbolischen Dreiecks erhalten außerdem alle einen Akzent, da sie die Komplemente der sphärischen Stücke sind.[1]) Die komplementären Strecken liegen auf einer Geraden, wie in Figur 1. Die Spitzecke lassen sich so zusammenfügen, daß zwei gleiche Seiten aufeinander fallen. Sie bilden dann eine fünfseitige Ecke, denn es läßt sich leicht zeigen, daß die Summa der Winkel stets kleiner als 2π ist.

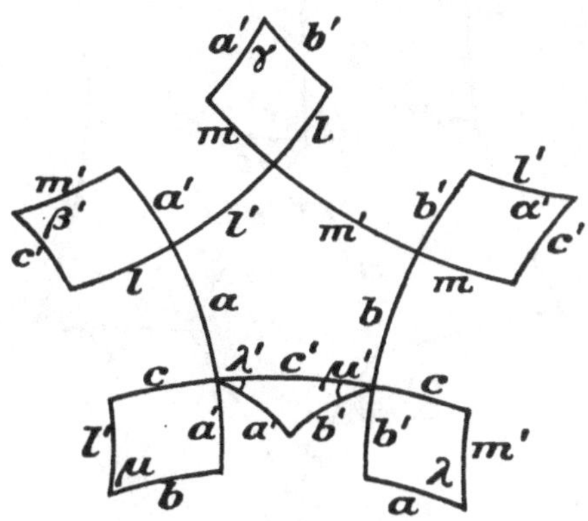

Fig. 5.

Bei obiger Bezeichnung ist nämlich:

$$a' = \lambda' + \Pi(c' + m')$$

also:

$$a' < \lambda' + \Pi(c') = \lambda' + \gamma'$$

ebenso:

$$\beta' < \mu' + \gamma'$$

[1]) Roeser, „Der reelle Übergang" usw., Heidelberger Berichte 26 Nr. 10, S. 6.

daher:

$$\alpha' + \beta' + (\mu + \lambda + \gamma) < \mu' + \lambda' + 2\gamma' + (\mu + \lambda + \gamma) < \frac{3}{2}\pi + \gamma',$$

somit:

$$\alpha' + \beta' + \mu + \lambda + \gamma < 2\pi.$$

Es läßt sich auch leicht eine untere Grenze für die Summe angeben. Zählt man die spitzen Winkel der 5 Dreiecke zusammen, so folgt:

$$2(\mu' + \lambda' + \gamma' + \alpha + \beta) < \frac{5}{2}\pi$$

$$\mu' + \lambda' + \gamma' + \alpha + \beta < \frac{5}{4}\pi$$

oder:

$$\frac{5}{2}\pi - (\mu + \lambda + \gamma + \alpha' + \beta') < \frac{5}{4}\pi$$

$$\mu + \lambda + \gamma + \alpha' + \beta' > \frac{5}{4}\pi$$

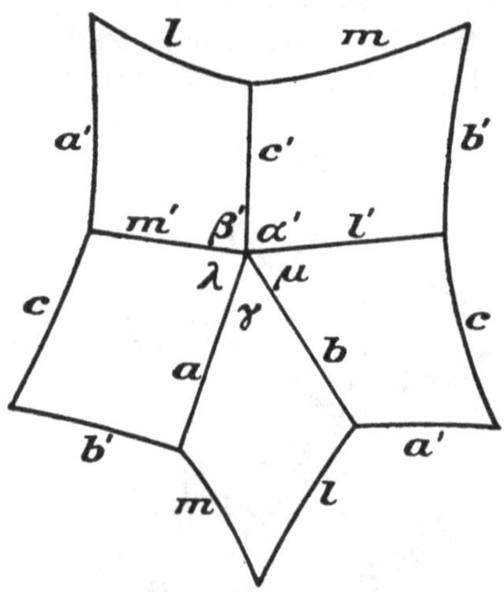

Fig. 6.

Beschreiben wir um die Spitze der Pyramide eine Kugel mit dem Radius $shr = 1$, so erhält man ein Fünfeck, bei dem die Winkel μ, λ der Hypotenuse γ anliegen. Dies Fünfeck kann natürlich nicht zu sich selbst polar sein, es hat aber dieselbe Winkelsumme wie das erste, denn es läßt sich leicht aus diesem herstellen, wenn man drei Dreiecke abschneidet und durch die symmetrischen ersetzt (zuerst das obere, dann die seitlichen).

Der wagerechte Strich über dem Buchstaben bedeutet wieder das Supplement, der senkrechte das Komplement. Die Winkel sind durch die Seiten allerdings nicht bestimmt, sie ergeben sich aber in dieser zu γ symmetrischen Form, wenn man sich die Figur auf die geschilderte Art entstanden denkt.

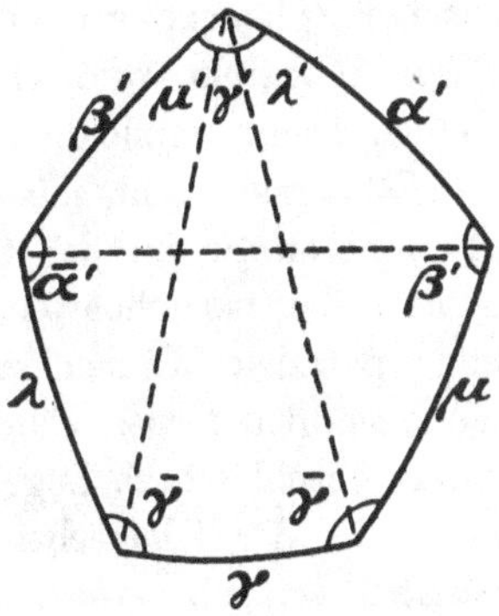

Fig. 7.

§ 3. Das hyperbolische Fünfeck.

Die Anordnung der Figur 5 ist noch nicht zweckmäßig, da die Bedeutung der komplementären Strecken in der hyperbolischen Ebene eine andere ist als in der sphärischen, die Strecken müssen senkrecht aneinander stoßen. Man erreicht dies leicht, wenn man die symme-

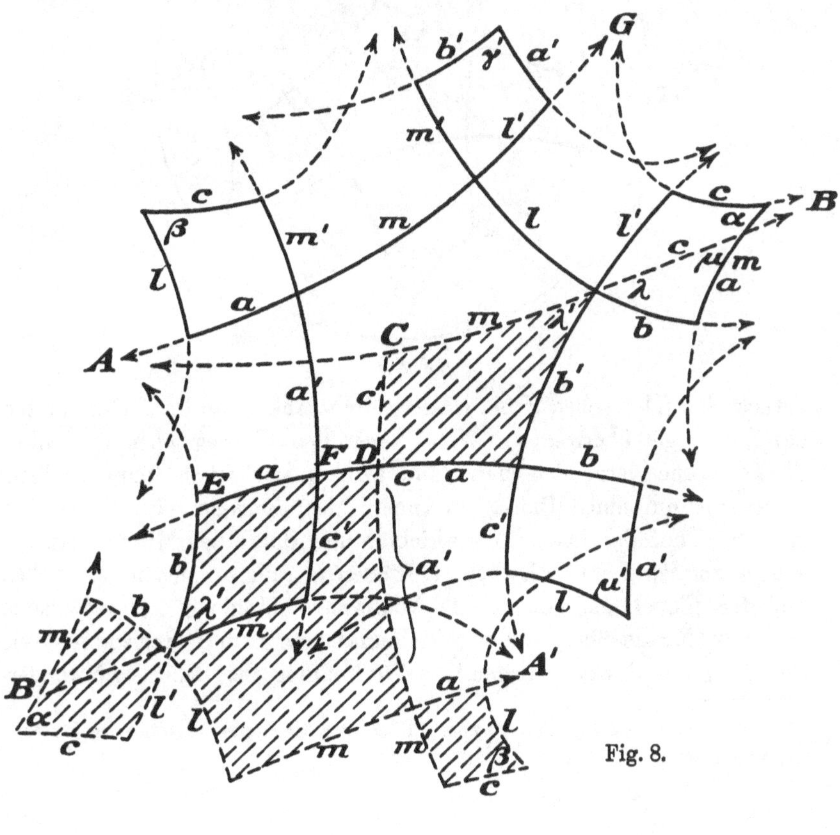

Fig. 8.

trischen Spitzecke verwendet. Die Bezeichnung stimmt nicht ganz mit Figur 5 überein, weil wir hier auf den Zusammenhang mit der sphärischen Figur verzichten.

Wie man sieht, müssen jetzt wegen der komplementären Strecken die inneren Seiten der Spitzecke parallel sein mit den verlängerten äußern der benachbarten Spitzecke. Sie entstehen also durch Zeichnung paralleler Linien, sobald das Fünfeck gegeben ist. Nimmt man die unendlich fernen Punkte hinzu, so kann man die ganze Figur in einem geschlossenen Zuge beschreiben. Das läßt sich leicht übersehen mit Hilfe der Kleinschen Abbildung der Ebene auf einen Kreis. Es ist aber wünschenswert, das Bild auf einer Kugel zu haben, denn dann können wir es direkt mit Figur 1 vergleichen. Wir müßten zu diesem

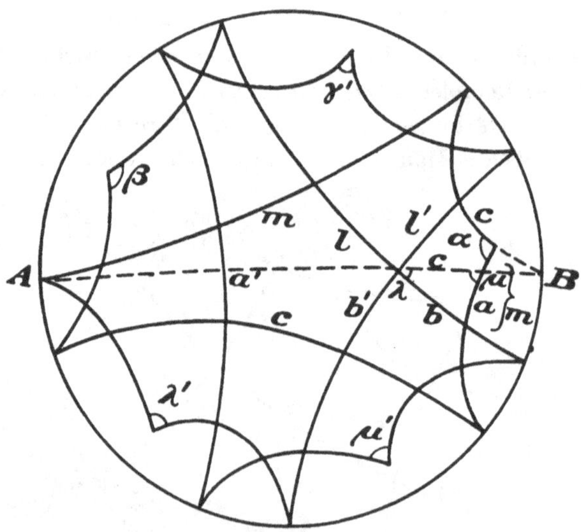

Fig. 9.

Zweck den Kleinschen Kreis wieder durch senkrechte Parallelprojektion auf die Kugel übertragen. Wir können den Umweg über die euklidische Ebene vermeiden und ganz im hyperbolischen Raum bleiben, wenn wir um einen Punkt im Innern des Fünfecks eine Kugel beschreiben, auf der Ebene Lote errichten und durch den Mittelpunkt der Kugel zu den Loten die hyperbolischen Parallelen ziehen, sie geben auf der Kugel die gewünschte konforme Abbildung. Die Geraden gehen in Kreise über, deren Mittelpunkte auf dem Durchschnittskreis von Kugel und Ebene liegen.[1]) Wir könnten dies Bild auch wieder,

[1]) ROESER: Abbildung der hyperb. Ebene auf die Kugel. Heidelb. Berichte 27, 11. Abhandlung.

ganz wie im euklidischen Raum, auf die Tangential-Ebene stereographisch projizieren. Die Strahlen, die den Äquator abbilden, machen mit der Achse den Winkel $\frac{\pi}{4}$. Damit sie nicht parallel der Tangentialebene werden, der Abbildungskreis also unendlich wird, darf die Kugel nicht zu groß sein. Ist der Radius des Bildkreises ϱ, der Kugelradius r, so ist:

$$th\,\varrho = sh\,2r \cdot tg\frac{\pi}{4} = sh\,2r,$$

also muß sein:

$$sh\,2r < 1.$$

Übrigens können wir auch Figur 1, indem wir annehmen, die Kugel läge im hyperbolischen Raum, auf die hyperbolische Ebene in derselben Weise umgekehrt konform abbilden, die größten Kreise gehen in Abstandslinien über.[1])

Behalten wir jedoch die Abbildung auf die Kugel bei, wir erhalten dann Figur 9. Wir sehen an Figur 8 wie auch an Figur 9, daß außer den fünf Spitzecken auch die rechtwinkligen Dreiecke entstehen, wenn wir noch ein System von Parallelen zu Spitzecks- und Fünfecksseiten hinzufügen. Zum Beispiel ist die Linie AB rechts parallel zu BG (Figur 8), links zu AG. Sie schneidet aus dem Spitzeck mit dem Winkel a das Dreieck c, a, b, λ, μ heraus. Das kongruente, nicht das symmetrische Dreieck, entsteht auf der andern Seite im Spitzeck mit dem Winkel β durch die entsprechende Parallele nach der andern Seite.

Im ganzen sind 10 solcher Parallelen vorhanden, wir können sie als unendlich lange Diagonalen betrachten. In der sphärischen Figur treten zu den Diagonalen noch die darauf senkrechten Höhen. Auch hier fügen wir noch das System der 10 Linien hinzu, die auf den Diagonalen senkrecht stehen. Wir zeichnen zum Beispiel zu AB und c die gemeinsame Senkrechte CD.

Dadurch entsteht sofort ein Spitzeck, das mit dem unten links (Winkel λ') kongruent ist, denn es hat mit ihm λ' und b' gemein. Dann ist aber auch $ED = c$. Verlängern wir CD über D hinaus um a' und errichten im Endpunkte ein Lot, desgleichen auf b' im Endpunkte, so erhalten wir ein Fünfeck, das dem Grundfünfeck kongruent ist (schraffiert), und damit von neuem die ganze ursprüngliche Figur.

Man braucht also nur auf a den Punkt F nach D zu schieben und das Ganze um D um 180° zu drehen. Wiederholen wir die Konstruktion in entsprechender Weise an der neu entstandenen Figur, so

---

[1]) Siehe Anm. S. 10.

erreichen wir wieder die Anfangslage, gerade wie auf der Kugel, wenn wir die Stücke immer wieder zu $\frac{\pi}{2}$ ergänzen. Die Zwischenfigur ist hier allerdings kongruent und deckt die erste zum Teil, auf der Kugel ist sie symmetrisch.

Andererseits aber ähnelt die hyperbolische Konstruktion der zweiten Transformation auf der Kugel, wo sich zwei neue Fünfecke ergeben, wenn wir noch Diagonale und Höhe zeichnen. Auch hier haben diese Linien für die neue Figur die Bedeutung von Seiten. Wir müssen hier allerdings zwei Arten von Seiten unterscheiden. Erstens äußere, welche die spitzen Winkel der Vierecke einschließen, zweitens innere, das sind die, welche die andern Spitzecksseiten und Fünfecksseiten bilden. Dies vorausgeschickt werden die Parallelen zu äußern, die Senkrechten zu innern Seiten der neuen Figur.

§ 4. Dreieck, Spitzeck und Fünfeck in Verbindung mit dem nullwinkligen Viereck.

Die Figur 8 gibt außerdem noch ein klares Verständnis für die Verwandtschaft der komplementären Figuren untereinander, wenn wir die an einer Ecke des Fünfecks zusammenstoßenden Figuren betrachten. Es liegen sich gegenüber Fünfeck und Spitzeck einerseits, zwei dreirechtwinklige Vierecke mit einem verschwindenden Winkel andererseits. Wir wollen sehen, wie die vier Figuren aus einem Viereck mit vier verschwindenden Winkeln entstehen. Die beiden Mittellinien seien $2l$ und $2l'$.

Denken wir uns auf der Mittellinie RS ein bewegliches Lot mit der untern beweglichen Seite so verbunden, daß die beiden stets parallel bleiben und die letztere immer senkrecht ist zu $2l'$, so entsteht oben rechts ein Winkel α, links unten ein gemeinsames Lot a', die sich

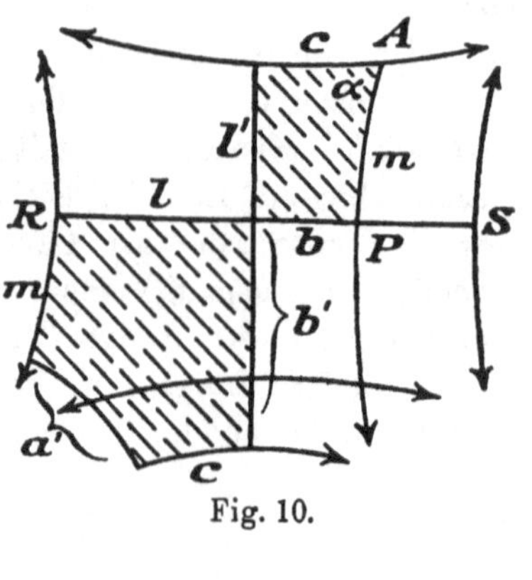

Fig. 10.

gegenseitig bestimmen. Gleitet P rechts über S hinaus, so entsteht oben das Lot, unten der Winkel, so daß die ursprüngliche symmetrische Figur nichts ist als der Grenzfall zwischen beiden Möglichkeiten. Die beiden durch die Gleichung $th\,a' = \sin a$ verknüpften Größen a' und a werden im Fünfeck und Spitzeck eingeschlossen durch dieselben Strecken m und c, und diese stehen senkrecht zu den Komplementärstrecken l, l' bzw. b, b'.

In ähnlicher Weise ergibt sich die Beziehung zwischen Spitzeck und rechtwinkligem Dreieck.

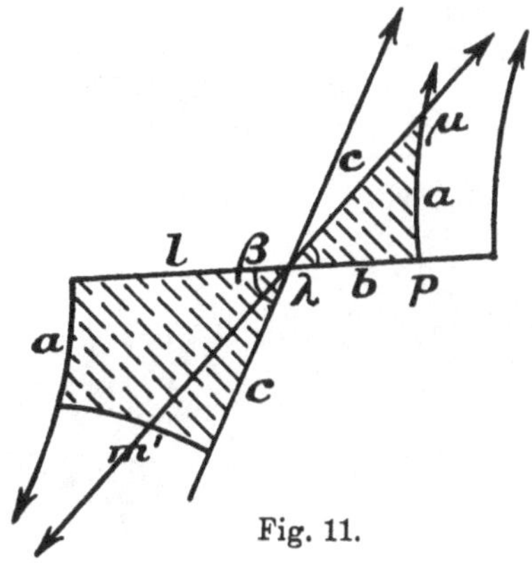

Fig. 11.

Auf der Strecke $2l$ errichten wir in den Endpunkten nach entgegengesetzten Seiten die Lote und zu beiden die gemeinsame Parallele. Dann bestimmt das bewegliche Lot in P wieder gleichzeitig ein Dreieck und unten links ein Spitzeck, bzw. umgekehrt, c dreht sich natürlich so, daß es zum Lot parallel bleibt. μ und m' sind wieder von denselben Strecken a und c begrenzt.

Wenn wir Fig. 10 und Fig. 11 vergleichen, so ergibt sich, daß das Dreieck rechts oben sich aus dem Spitzeck von Fig. 10 bildet, wenn das Lot l' durch einen Winkel ersetzt wird, es ist der Winkel λ. Ebenso unten, aus b' in Fig. 10 wird β in Übereinstimmung mit der Umwandlung von a' in a, m' in μ.

Zu Figur 10 ist noch zu bemerken, daß, da das Fünfeck fünf gleichwertige Ecken hat, die Konstruktion an allen diesen Ecken ausgeführt werden kann. Tut man das, so entsteht Figur 8.

Der Vergleich der Figuren 1 und 8 zeigt, daß dem rechtwinkligen hyperbolischen Fünfeck ein ebenfalls rechtwinkliges sphärisches Fünfeck mit überschlagenen Seiten zuzuordnen ist. Die anstoßenden Seiten werden dadurch zu gegenüberliegenden und umgekehrt, so daß in beiden Geometrieen der Satz gilt: Der Cosinus einer Seite ist gleich dem Produkt der Cotangenten der anstoßenden und der Sinus der gegenüberliegenden Seiten. Die sphärischen Seiten werden um das Stück π vermehrt, wodurch in den Formeln ein Minuszeichen entsteht, obenso wie beim imaginären Übergang.

15. RÜGER, L. u. RÜGER-HAAS, P. Palaeosemaeostoma geryonides v. Huene sp. eine sessile Meduse aus dem Dogger von Wehingen i. W. und Medusina liasica nov. sp., eine coronatenähnliche Meduse aus dem mittleren Lias von Hechingen i. Württemberg. Reichsmark 1·50

Jahrgang 1926.

1. KRULL, WOLFGANG. Theorie und Anwendung der verallgemeinerten Abelschen Gruppen. Reichsmark 1·70
2. KLEBS, GEORG. Über periodisch wachsende tropische Baumarten. Reichsmark 1·20
3. MÜLLER, MAX. Über die Oberfläche von Flächenstücken. Reichsmark 1·20
4. ERNST, MAX. Über Anlagen von Organen, die nicht zur Ausbildung gelangen. Reichsmark 0·50
5. ERNST, EMIL. Die optischen Eigenschaften des Andesins von Bodenmais. Reichsmark 1·10
6. LIEPMANN, WILHELM. Leichengeburt bei Ichthyosauriern. Reichsmark 0·90
7. KLEBS, GEORG. Über die Längenperiode der Internodien. Reichsmark 2·40
8. JOST, L. u. v. UBISCH, G. Zur Windefrage. Reichsmark 0·80
9. SALOMON, WILHELM. Gibt es Gesteine, die für bestimmte Erdperioden charakteristisch sind? Reichsmark 0·30
10. ROESER, ERNST. Der reelle Übergang zwischen den beiden nichteuklidischen Geometrien und ihrem Parallelenbegriff. Reichsmark 1·20
11. SALOMON, WILHELM. Kugelförmige Absonderung. Reichsmark 0·80
12. SALOMON, Felsenmeere und Blockstreuungen. Reichsmark 0·80
13. SALOMON, Die Gruppendefinitionen in der Paläontologie. Reichsmark 0·90

Jahrgang 1927.

1. LOEWY, ALFRED. Neue elementare Begründung und Erweiterung der Galoisschen Theorie. Reichsmark 1·60
2. LIEBMANN, HEINRICH. Rhombische Geradennetze im Raum. Reichsmark 1·—
3. VOLK, OTTO. Über geodätische Dreiecknetze auf Flächen konstanten Krümmungsmaßes. Reichsmark 1·80
4. PÜTTER, A. Chemische Reizwirkung und Giftwirkung. Mit einem mathematischen Anhang: Ein Diffussionsproblem von E. TREFFTZ. Reichsmark 2·40
5. REMBS, EDUARD. Die Verbiegung des verlängerten Rotationsellipsoids. Reichsmark 1·60
6. MAYER, ADOLF. Naturwissenschaftliche Ästhetik. Reichsmark 0·90
7. MAYER, ADOLF. Naturwissenschaftliche Volkswirtschaftslehre. Reichsm. 0·80
8. BAER, R., KAPFERER, H., KRULL, W., SCHMIDT, F. K. Beiträge zur Algebra. Nr. 5—10. Reichsmark 6·20
9. MÜLLER, MAX. Über die Eindeutigkeit der Intregale eines Systems gewöhnlicher Differentialgleichungen und die Konvergenz einer Gattung von Verfahren zur Approximation dieser Integrale. Reichsmark 2·50
10. FREUDENBERG, KARL. Intramolekulare Umlagerung optisch-aktiver Systeme. Reichsmark 1·—
11. ROESER, ERNST. Abbildung der hyperbolischen Ebene auf die Kugel mittels der Beziehung zwischen Lot und Parallelwinkel. Reichsmark 1·—
12. RÜGER, L. Die direkte gebirgsgetreue Übertragung der auf dem Universaldrehtisch gewonnenen Messungsergebnisse gebirgsorientierter Schliffe in das Diagramm. Reichsmark 1·20
13. JOST, L. Elektrische Potentialdifferenzen an der Einzelzelle. Reichsmark 1·90

Jahrgang 1928.

1. RÜGER, L. Einige Bemerkungen zur Darstellung tektonischer Elemente, insbesonders von Klüften und Harnischen. Reichsmark 1·20
2. HERBST, CURT. Untersuchungen zur Bestimmung des Geschlechts. Ein neuer Weg zur Lösung des Geschlechtsbestimmungsproblems bei Bonellia viridis. Reichsmark 1·50
3. MERTON, HUGO. Untersuchungen über die Entstehung amöbenähnlicher Zellen aus absterbenden Infusorien. Reichsmark 2·20

4. Baer, Reinhold. Zur Einordnung der Theorie der Mischgruppen in die Gruppentheorie. Reichsmark 2·20
5. Baer, Reinhold. Über die Zerlegungen einer Mischgruppe nach einer Untermischgruppe. Reichsmark 1·50
6. Roeser, Ernst. Komplementäre Körper der beiden nichteuklidischen Geometrien. Reichsmark 1·—
7. Krull, Wolfgang. Primidealketten in allgemeinen Ringbereichen. Reichsmark 1·10
8. Salomon, Wilhelm. Geologische Beobachtungen des Leonardo da Vinci. Reichsmark 0·90
9. Liebmann, Heinrich. Die Sätze von Lie und Gambier über Kurven eines Linienkomplexes. Reichsmark 0.90
10. Merz, K. W. Über den Wirkungsantagonismus von Blutkörperchen und Serum bei chemisch faßbaren biologischen Vorgängen. Reichsmark 1·20
11. Mühlbach, R. Über Raumkurven in der Möbius'schen Geometrie. Reichsmark 1·20
12. Ernst, Paul. Wurzeln der Medizin. Reichsmark 1·50
13. Mayer, Adolf. Naturwissenschaftliche Apologetik des Christentums. Reichsmark 1·60
14. Baer, Reinhold. Beiträge zur Galoisschen Theorie. Reichsmark 1·80
15. Salomon, Wilhelm. Neue geologische Beobachtungen im Baitonegebiet des Adamello. Reichsmark 0·90
16. Erdmannsdörffer, O. H. Über Disthen-Andalusitparagenesen. Reichsm. 1·20
17. Schneidt, Max. Kurvennetze ohne Umwege. Reichsmark 1·30
18. Bopp, K. J. H. Lamberts und A. G. Kaestners Briefe aus den Gothaer Manu skripten herausgegeben. Reichsmark 2·20
19. Freudenberg, K. Zur Kenntnis des Fichtenholz-Lignins. Reichsmark 1·10

Jahrgang 1929:

1. Volk, Otto. Über Flächen mit geodätischen Dreiecksnetzen. Reichsm. 2·50
2. Schmidt, F. K., Krull, W., Breuer, S. Beiträge zur Algebra. Nr. 11—13. Reichsmark 1·80
3. Hieber, W., Zur Kenntnis der chemischen Reaktionen des Eisencarbonyls. Reichsmark 0·90
4. Salomon, Wilhelm. Gletscherbeobachtungen am Vadret Lischanna (Unterengadin). Reichsmark 1·—
5. Salomon, Wilhelm. Arktische Bodenformen in den Alpen. Reichsmark 2·50
6. Müller, Max. Über die Greensche Funktion des Laplaceschen Differentialausdruckes. Reichsmark 1·50
7. Rüger, L. Machairodus latidens Owen aus den altdiluvialen Sanden von Mauer a. d. Elsenz. Reichsmark 0·90
8. Lenard, P. Über Energie und Gravitation. Reichsmark 1·90
9. Deecke, W. Zur Entstehung der Kare. Reichsmark 0·80
10. Roeser, E. Neue Sätze über sphärische und hyperbolische Fünfecke. Reichsmark 1·—

Druck: Hermann Böhlaus Nachfolger, Hof-Buchdruckerei, G. m. b. H., Weimar.

FSC
www.fsc.org
MIX
Papier | Fördert
gute Waldnutzung
FSC® C083411

Zeitfracht Medien GmbH
Ferdinand-Jühlke-Straße 7
99095 Erfurt, Deutschland
produktsicherheit@kolibri360.de